AF313493

MÉMOIRE

SUR LA

PRÉSERVATION DES VIGNES

PAR LE SOUFRAGE,

D'APRÈS LA MÉTHODE

DE M. FRÉDÉRIC LAFORGUE, PROPRIÉTAIRE,

A QUARANTE.

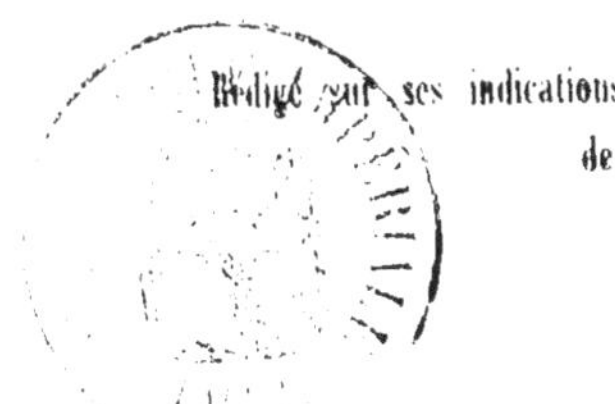

Rédigé sur ses indications, corroborées par une masse considérable de faits authentiques.

BEZIERS,

IMPRIMERIE DE Mlle PAUL, LIBRAIRE.

1856.

MÉMOIRE

PRÉSERVATION DES VIGNES

PAR LE SOUFRAGE.

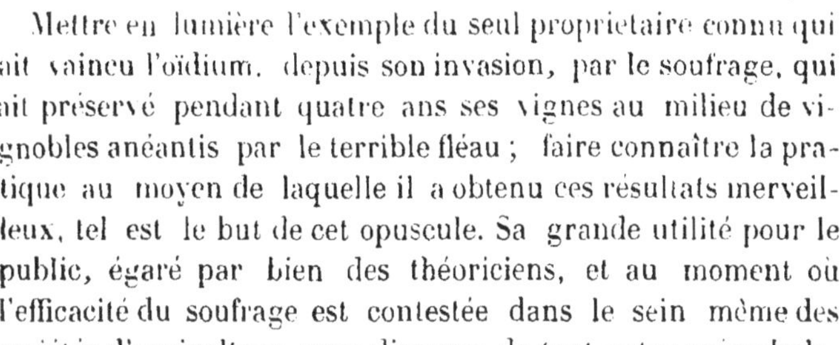

Mettre en lumière l'exemple du seul propriétaire connu qui ait vaincu l'oïdium, depuis son invasion, par le soufrage, qui ait préservé pendant quatre ans ses vignes au milieu de vignobles anéantis par le terrible fléau ; faire connaître la pratique au moyen de laquelle il a obtenu ces résultats merveilleux, tel est le but de cet opuscule. Sa grande utilité pour le public, égaré par bien des théoriciens, et au moment où l'efficacité du soufrage est contestée dans le sein même des sociétés d'agriculture, nous dispense de tout autre préambule.

Exposé des Faits.

Les vignobles de M. Laforgue se composent de 70 hectares de vignes situées dans la commune de *Quarante*, canton de Capestang, arrondissement de Béziers , Hérault.

Ces Vignes sont complantées en divers cépages, mais principalement en plant de Carignan qui fournit du vin rouge de commerce et en Muscat , précisément les deux cépages les plus maltraités par la maladie dans le Midi. Ce sont en général des parcelles, divisées comme tous les biens de village, situées dans diverses sortes de terrains et d'expositions.

Ce fut au mois de juin 1852 que l'oïdium parut pour la première fois dans la commune de Quarante avec une assez grave intensité. M. Laforgue fit immédiatement l'essai d'une infinité de moyens pour le combattre. Il employa la chaux, le plâtre, les cendres, il essaya des lavages de diverses sortes, marquant soigneusement les carrés de vigne et les rangées de souches traitées par chacun de ces moyens.

Il ignorait alors la vertu du soufre, le rapport de M. Rendu ne fut publié qu'en 1854, un hasard lui donna l'idée d'essayer aussi de cet agent. Il prit chez son frère, pharmacien à Coursan, tout le soufre qu'il possédait et en saupoudra quantité de ses souches malades.

Observant attentivement plusieurs fois par jour l'effet de chaque remède, il reconnut bientôt que le soufre seul avait détruit l'oïdium. Il partit pour Narbonne sans hésiter et y acheta toute la fleur de soufre qu'il trouva chez les épiciers, qui l'attesteraient, il en fit de même à Béziers, et avec ce soufre recueilli il saupoudra toutes ses souches malades. Il les sauva, sa récolte fut belle.

De ce moment, il s'étudia à perfectionner ses moyens d'appliquer le remède dont l'efficacité était pour lui certaine, de calculer les époques propices; il fit de fortes commandes de soufre, et soufra toutes ses vignes en 1853 et 1854; il eut encore de belles récoltes.

Pendant ces trois années, les vignes de la contrée étaient ravagées par la maladie, et les récoltes nulles. On était émerveillé de voir ses vignes seules au milieu de la désolation générale conserver leur vigueur ordinaire. Le bruit de ses succès se répandit bientôt au loin. De toutes parts on venait le consulter, il expliquait à chaque visiteur sa méthode, lui faisait voir ses vignes, enclavées au milieu de vignes infestées et presque perdues, vigoureuses et vertes comme dans les meilleures années et chargées de beaux raisins parfaitement sains. (1)

____

(1) Parmi ces visiteurs, M. Laforgue s'honore de compter, M. Marès de Montpellier, l'habile agriculteur, couronné récemment par la Société Impériale et Centrale d'agriculture, et M. Daurel, juge d'Instruction à Béziers. Ces messieurs vinrent à Quarante en décembre 1854. M. Laforgue leur expliqua sa pratique depuis trois ans, il leur fit voir ses vignes dont les

— 5 —

Les agriculteurs intelligents frappés de ces faits se prépa-
rèrent à l'imiter en 1854, tous ceux qui ont suivi ses conseils
ont complètement réussi, le nombre en est très considérable
et ils ont fait tous des fortunes.

Il en est beaucoup aussi qui, malgré l'évidence de ses succès,
se sont obstinés à ne pas soufrer, reculant devant la dépense,
et espérant que l'oïdium disparaîtrait spontanément. Dans la
commune même de Quarante, chose à peine croyable, son
exemple et ses exhortations incessantes ne pouvaient réussir
à les convaincre. Ils ne se sont rendus à l'évidence que peu à
peu. Ici nous devons citer quelques faits, non qu'ils puissent
rien ajouter à ce que nous avons dit de la beauté constante de
toutes les vignes de M. LAFORGUE, enclavés au milieu de
celles de ses voisins détruites par la maladie, mais parce que
ces faits sont des preuves incontestables de l'efficacité du
soufrage.

M. LAFORGUE possède une petite vigne de 36 ares, enclavée
au milieu du domaine de St.-Martin, de la commune de
Quarante. On n'a pas soufré dans ce domaine ; la récolte y a
été presque nulle, depuis trois ans ; et la petite vigne entourée
de ce vignoble infesté a toujours produit sa récolte ordinaire,
en 1855 elle en a donné une magnifique : 49 hectolitres de
beau vin ; 135 litres par are !

Un de ses voisins de terre n'avait pas vendangé une vigne
pendant trois ans, il se décide à l'arracher, et en avait arraché
déjà une partie. Témoin de cette faute, M. LAFORGUE lui offre de
soufrer la vigne pour son compte à condition qu'il lui rem-
boursera les frais s'il y a bonne récolte ; sur ces instances on

beaux sarments dorés étaient exempts de toute trace de maladie ; il les conduisit dans sa cave et leur fit goûter les vins
qu'il avait récoltés. Ces messieurs furent étonnés de la beauté
et du bon goût de ces vins, ils ajoutèrent que M. LAFORGUE
était fort heureux d'avoir eu de bonnes récoltes depuis trois
ans qu'ils n'en avaient eux-mêmes que de presque nulles ;
qu'il avait été bien inspiré et hardi de soumettre immédiatement la totalité de son vignoble au soufrage, sans reculer
devant cette énorme dépense

soufre cette vigne perdue ou condamnée, elle donne aux vendanges un revenu énorme.

Le sieur Barthez, agent rural de M. Laforgue, homme très intelligent, acheta en 1851 une vigne d'un hectare, qu'il partagea avec son frère. Barthez a soufré sa moitié comme les vignes de son maître, il a toujours eu belle récolte ; son frère qui s'est obstiné à ne pas soufrer n'a pas vendangé sa moitié pendant trois ans. Quittant le pays, il vend en hiver 1854 sa moitié de vigne à Barthez ; celui-ci soufre également les deux moitiés en 1855 ; plus de différence entre les deux portions. Le produit de l'hectare total fut de 42 hectolitres.

On a déjà dit que des propriétaires de Quarante ont été lents à imiter leur habile compatriote, mais peu à peu ils se sont rendus à l'évidence, et il est remarquable que chacun d'eux, en soufrant, a eu de belles récoltes sur les mêmes vignes qui ne produisaient rien auparavant ; en 1855, tous les propriétaires ont soufré et ils ont eu de beaux produits. Un seul a persisté à ne pas vouloir faire comme les autres, M. Mouret, et c'est ici la preuve la plus incontestable de l'efficacité du soufrage : pendant que tous les propriétaires de la commune ont eu bonne récolte, il n'a eu, lui, sur environ 20 hectares de vignes, que 42 hectolitres de vin. Moins que la petite vigne d'un tiers d'hectare dont nous avons parlé plus haut !.... On ne peut certes trouver de preuve plus concluante.

Les récoltes de M. Laforgue de 1854 et 1855, ont été aussi bonnes que celles de 1852 et 1853. Il a vendangé pendant ces quatre années funestes pour la vigne, comme il l'avait fait en 1851, avant l'invasion, et comme il espère bien le faire toujours, sauf sinistres accidentels indépendants de l'oïdium.

Personne, assurément, n'a obtenu un pareil succès dans le Midi. Quelques propriétaires avaient essayé, il est vrai, le soufre en 1851, mais l'ayant trouvé inefficace, sans doute à cause des vices des opérations, ils l'avaient abandonné. On n'a guère soufré dans tout le Midi qu'en 1854 et même partiellement, pour essai ; une grande partie de ceux qui l'ont tenté, y ont été décidés par l'exemple des succès et par les conseils de M. Laforgue.

Rechercher l'efficacité d'un moyen curatif et faire connaître les résultats qu'on a obtenus par ses essais, sont, sans doute, des actes très méritoires, mais ces résultats partiels ne peuvent convaincre les masses, ils sont contestés, discutés; ces discussions jettent dans le public une incertitude très fâcheuse quand il s'agit d'un remède dont l'application immédiate est urgente, pour combattre un fléau dont l'action dévastatrice marche à pas de géants.

Reconnaître, au contraire, au début l'efficacité du remède, l'appliquer immédiatement et résolument à la totalité de son vignoble, courir les chances de l'insuccès, donner le succès comme exemple permanent à ceux qui doutent, les conseiller, les instruire, est, selon nous, un mérite bien plus grand par ses résultats. Ce mérite est celui de M. LAFORGUE, nul ne peut le lui contester ni dans le Midi, ni dans aucun autre vignoble. On pourrait avoir fait aussi bien que lui, personne n'a pu mieux faire. L'enseignement pratique des faits est le meilleur en agriculture ; cela est si vrai, que si toutes les sociétés d'Agriculture du monde entier se prononçaient contre l'efficacité du soufrage, tous ceux qui, comme M. LAFORGUE, ont vu par eux-mêmes et *encaissé* les preuves du contraire, n'en persisteraient pas moins à soufrer tant que le fléau n'aura pas totalement disparu de nos contrées.

Pratique de M. Laforgue pour le Soufrage.

Nous ne ferons pas la nomenclature des divers cépages qui se cultivent dans le Midi. Ces cépages sont plus ou moins précoces ; ce serait un travail très long et fastidieux que de déterminer l'époque à laquelle chaque qualité de plant doit être soufrée. Ce mode d'indication par mois et quantièmes est défectueux, en ce sens qu'il expose l'opérateur peu intelligent à des bévues, la vigne étant sujette à des avances ou à des retards dans la végétation, qui varient souvent de quinze jours à un mois.

Nous allons donc exposer la méthode pratique de M. Laforgue en ne considérant que les phases de la vigne; ce sera à chacun de choisir le moment opportun, selon qu'il opérera sur un cépage plus ou moins précoce. Ainsi, ce que nous dirons sera utile, non seulement pour le Midi, mais pour tous les autres vignobles.

M. Laforgue opère un premier soufrage dans la quinzaine qui précède la floraison ; ce soufrage est de rigueur selon lui. Dans nos contrées, il a lieu ordinairement dans la dernière quinzaine de mai.

Il fait une seconde opération pendant la floraison, qui a lieu communément ici du 5 au 20 juin ;

Et une troisième opération immédiatement après la floraison, c'est-à-dire ordinairement du 25 juin au 10 juillet.

En 1853 et 1854, il avait pratiqué un quatrième soufrage en avril, comme il est dit dans le rapport de la commission d'enquête, mais ayant reconnu l'inutilité de cette première opération, il n'en a fait que trois, comme il vient d'être dit, en 1855, et le succès a été aussi complet que précédemment ; il n'en a fait encore que trois cette année.

Si, après ces trois soufrages, dans quelques parties de son vignoble la maladie persiste, il les soufre une ou deux fois de plus jusques au 15 juillet, au moment où le raisin va vérer ; passé cette époque il ne soufre plus, ayant reconnu que ces soufrages tardifs sont inefficaces.

M. Laforgue dit avoir fait constamment depuis quatre ans une infinité d'expériences partielles à cet égard, et il assure que toutes les fois qu'il n'a commencé de soufrer que sur les grains déjà forts, il a pu arrêter le mal en persistant, mais il n'a jamais guéri. L'oïdium a eu le temps d'altérer la peau du grain, elle reste tâchée, dure, et le grain ne peut prendre tout son développement à la maturation, souvent il se fend et pourrit.

Il a réussi complètement par trois opérations, l'une avant, l'autre pendant et la dernière immédiatement après la floraison, et les innombrables propriétaires qui ont suivi sa pratique ont réussi comme lui ; ceux au contraire qui ont soufré à d'autres époques, ont obtenu des résultats, si non nuls, au moins très incomplets.

Il y a de plus cet avantage, que le vin recueilli par cette pratique n'a jamais le goût de soufre, tandis que les vins provenant de soufrages faits en juillet et août en sont empestés.

L'instrument dont se sert M. Laforgue est un vase en ferblanc de forme conique, d'une longueur de 20 centimètres ; la base un peu bombée, de 9 centimètres de diamètre, est percée de trous comme un sablier, au-dessus de ce fond et à l'intérieur sont soudés deux fils de fer se croisant à angles droits, destinés à diviser la fleur de soufre lorsqu'elle forme des grumeaux.

L'autre bout, de 5 centimètres de diamètre, est fermé par un couvercle fermant juste, et armé d'un anneau en ferblanc, où l'opérateur passe un doigt pour que l'instrument qu'il tient horizontalement ne lui échappe pas.

M. Laforgue a essayé de plusieurs genres de soufflets et s'en est mal trouvé. Ce mode peut être bon pour les treilles et les vignes en échalas où l'on ne peut facilement atteindre le raisin, mais pour les souches basses il entraîne de très grands inconvénients. En soufflant, le soufre se disperse, dépasse le raisin ou ne l'atteint pas; il y en a beaucoup de perdu inutilement; on ne peut appliquer directement le remède sur le mal.

Le soufflet occupe les deux mains de l'opérateur, le sablier lui laisse une main libre avec laquelle il peut écarter les feuilles et les sarments, retourner les raisins, s'il le faut, pour appliquer juste le remède sur la partie malade.

Enfin la charge et la manœuvre du soufflet font perdre beaucoup de temps; il ne peut bien fonctionner que diagonalement, et avec beaucoup de difficulté de haut en bas, cas le plus commun, l'oïdium occupant surtout la partie supérieure des raisins.

M. Laforgue s'en est donc tenu toujours à son sablier, les essais d'autres modes lui ayant prouvé qu'il perdrait beaucoup sous tous les rapports à l'abandonner; sa grande simplicité est d'ailleurs un mérite de plus.

Le coût du soufrage dépend surtout de l'habilité et du soin des femmes employées à ce travail et de la surveillance du maître, puisqu'on peut dans ces opérations, perdre beaucoup de soufre et de temps inutilement. Sans prodiguer le soufre, on ne doit pas cependant chercher à trop l'économiser, c'est une triste spéculation; elle expose à manquer l'opération et force souvent à recourir à des opérations nouvelles beaucoup plus coûteuses que ce qu'on a cru économiser.

Ces considérations indiquent que des détails de prix de revient seraient parfaitement inutiles, puisque le prix du soufre, des journées, ainsi que l'habileté des opérateurs varient dans les divers vignobles.

Il suffit de dire que M. Laforgue emploie pour les trois opérations, de 180 à 200 kilogrammes de soufre, (1) et de cinq à six journées de femmes, le tout par hectare, et en moyenne, dans l'ensemble de son vignoble.

Chacun calculera, d'après les proportions qui précèdent, quel sera son prix de revient, en tenant compte du prix de la journée des femmes et de celui du soufre dans sa localité.

---

(1). On dit de 180 à 200, parce que toute détermination positive est impossible. Il en faut plus ou moins selon qu'on opère avec un temps calme ou par un grand vent qui en emporte une partie. Quand on a le bonheur de faire les trois opérations avec un temps calme, il faut tout au plus 150 kilog.

Considérations générales
et conclusion.

Ce travail serait incomplet, s'il se bornait à donner la preuve incontestable de succès individuels. Il importe surtout d'accumuler les faits pour établir d'une manière péremptoire l'efficacité de l'emploi du soufre pour préserver les récoltes de l'oïdium ; c'est d'autant plus nécessaire, que cette efficacité est, en ce moment, vivement contestée au sein de la Société d'Agriculture de l'Hérault, ce qui jette beaucoup d'incertitude dans l'esprit des propriétaires, déjà refroidis par la hausse momentanée de ce minéral.

Cette dissidence, résultat de convictions consciencieuses, nous le reconnaissons, n'en est pas moins regrettable. Elle provient, sans doute, de ce que les observations n'ont pas porté sur une assez grande masse de faits. On cite quelques insuccès partiels, quelques cas de guérison spontanée. Que sont ces faits isolés auprès de la masse des vignobles dont les récoltes ont été perdues faute de soufrage, et de la masse de ceux qui ont été préservés par l'emploi du soufre? d'ailleurs, les cas d'insuccès peuvent provenir de la manière vicieuse ou intempestive d'opérer, et les cas de guérison spontanée ne prouvent pas que la vigne épargnée une année ne puisse être envahie par la maladie l'année suivante, tant que le foyer d'infection subsistera dans le pays, la propagation de l'oïdium par ses semences étant presqu'unanimement reconnue.

En 1853 et 1854, on pouvait contester l'efficacité du soufre, et attribuer la nullité des récoltes aux gelées, à la coulure et aux diverses intempéries qui les diminuèrent dans beaucoup de localités; mais en 1855, aucune intempérie n'a contrarié la vigne; il est donc évident, que les différences énormes qui existent entre les propriétés qui ont eu belle récolte, et celles qui n'ont presque rien produit ne proviennent que de l'oïdium, de ce qu'il a été détruit dans les premières, et de ce que les secondes n'ont pas été soufrées, ou ont été mal soufrées.

La cause réelle de ces différences ne peut être mieux appréciée que dans nos contrées, attendu que nulle part dans le Midi, pour ne pas dire dans toute la France, on n'a plus soufré que dans les vignobles, sur une longueur d'environ cent kilomètres, depuis l'arrondissement de Béziers, jusqu'à Olonzac, et dans tout l'arrondissement de Narbonne.

On ne peut, selon nous, se former une opinion raisonnable sur l'efficacité du soufrage en ne considérant que des cas isolés, dont les résultats peuvent avoir été influencés par une infinité de causes diverses; les appréciations doivent être faites par domaines, par communes, par contrées, avant de se prononcer sur une question aussi grave de laquelle dépend le sort de la viticulture; car l'opinion de la guérison spontanée n'est qu'une hypothèse, et l'existence du fléau reparaissant chaque année est un fait.

Les faits déjà cités de la commune de Quarante sont très significatifs à cet égard; ils sont corroborés par ceux qu'on peut vérifier dans tous les domaines entourant cette commune sur un rayon circulaire de 15 à 20 kilomètres. Ainsi :

Aux Pradels, grande propriété, on soufre, on a assez bonne récolte. — A Malviez on ne soufre pas, récolte très-mauvaise. — Curatier soufre, bonne récolte. La Grange blanche ne soufre pas, très-mauvaise. — Les Semèges sont soufrées, bonne récolte. — Salliès ne soufre pas, mauvaise récolte. — La Bastide soufre, réussite. — Fontenche soufre quelques hectares, succès. — M. de Raméjan, M. Isoard, à Béziers, M. Martel, à Puisserguier, cité dans le rapport de la commission, soufrent depuis plusieurs années avec une magnifique réussite. — Messieurs Latapie, de Maureilhan, Cadillac, de Puisserguier, Berre, propriétaire du beau domaine de Célicate, Victor Lapierre, de Capestang, Terral et Laus, de Crazy, Vallet, d'Argeliers, Barlabé, d'Ouveilhan, et une infinité d'autres qui ont suivi les indications de M. LAFORGUE ont également eu un plein succès.

Il y a plus, les très nombreux propriétaires qui, en 1854 et 1855, n'ont opéré que timidement, et n'ont fait l'essai que sur un certain nombre d'hectares, d'après les mêmes indications, ont complètement réussi sur ce nombre d'hectares, tandis que le reste de leurs vignobles était dévasté par la maladie et n'a presque rien produit.

Les mêmes résultats ont été obtenus dans l'arrondissement de Béziers, par tous les propriétaires qui ont convenablement soufré ; ceux qui n'ont pas réussi le doivent à ce qu'ils ont mal opéré ou trop tard, car l'époque propice du soufrage est la première condition du succès.

Mais aucun fait n'est plus saillant que l'exemple de la commune d'Olonzac, chef-lieu de canton, arrondissement de St.-Pons. Ses habitants actifs et industrieux, frappés des succès de M. LAFORGUE, s'empressèrent résolument de soufrer comme lui en grande majorité. Il en est résulté que cette commune, entourée de beaucoup d'autres qui ont donné des récoltes presque nulles, a eu de bonnes récoltes qui y ont fait réaliser des masses d'argent, les soufreurs y ont fait de grosses fortunes. Olonzac était il y a cinq ans grevé d'une dette hypothécaire considérable, les vignes ordinaires s'y vendaient de 2 à 3000 fr. l'hectare ; aujourd'hui les dettes des soufreurs sont payées, et ils sont riches capitalistes, c'est à tel point que les vignes de plusieurs gros biens, qui y ont été vendues par suite de décès, ont été achetées depuis deux ans au prix fabuleux de 10.000 fr. l'hectare. Ces vignes, à cause de l'invasion de la maladie qui désole le canton, devraient être tout à fait dépréciées, et les heureux soufreurs se les arrachent à des prix extravagants, tant ils sont sûrs d'en tirer d'énormes revenus par le soufrage.

Nous pourrions multiplier les faits à l'infini, ceux que nous avons cités suffiront, nous l'espérons, pour prouver aux plus incrédules l'efficacité du soufrage pour la préservation des vignes.

Pour enlever tout prétexte au doute, nous devons ajouter que ces faits sont authentiquement constatés, d'abord par le rapport de la Commission d'enquête nommée par monsieur le Sous-Préfet de Béziers, rapport daté du 12 septembre 1855, imprimé à un très grand nombre d'exemplaires, et en second lieu par les certificats d'attestation publique signés par des principaux propriétaires, par des curés et par les autorités de vingt des communes que nous avons citées ; on s'est borné à ce nombre pour établir la notoriété, toute la contrée aurait signé si on l'eût demandé. Les faits sont donc constants.

Pour en faire apprécier l'importance, il suffit de faire une seule réflexion. M. Laforgue est le seul qui ait vaincu le fléau depuis son invasion, et qui ne lui ait pas permis de s'implanter dans ses vignobles situés au milieu de vignobles complètement infestés.

Si tout le monde eut fait comme lui, l'oïdium ne se serait propagé ni en France, ni en Europe. Il n'y aurait eu ni disette, ni cherté phénoménale des vins. Les consommateurs et les viticulteurs n'auraient pas perdu pendant cinq ans des sommes immenses, qu'on peut évaluer annuellement par centaines de millions, ce qui leur a donné le caractère d'une grande calamité publique.

Cette calamité, M. Laforgue a fait tout ce qui dépendait de lui pour l'adoucir dans sa sphère, par son exemple, par ses conseils, par ses instances. On ne saurait évaluer à combien de millions de francs se portent les masses de vins qu'il a fait produire dans toute la contrée par son exemple, masses qui sont entrées dans la consommation et qui auraient été perdues sans lui. Il a donc secondé de tout son pouvoir et efficacement les vues du gouvernement et de l'Empereur.

La conclusion de toutes ces considérations est que M. Laforgue a évidemment rendu un très grand service au pays.

A. VIALLES.

Approuvant ce qui concerne les faits, ma pratique et mes actes dans ce Mémoire.

FRÉDÉRIC LAFORGUE.

NOTA.— L'édition du Mémoire étant épuisée depuis plusieurs mois, nous le conservons tel qu'il fut publié en mai 1856.

INSTRUCTION PRATIQUE

POUR

LE SOUFRAGE DES VIGNES

PAR

LA MÉTHODE PRÉVENTIVE.

————

Cet opuscule est destiné à éclairer et à guider principalement les agriculteurs des villages, nous éviterons donc avec soin les termes techniques et scientifiques incompréhensibles pour beaucoup d'entr'eux. Nous tâcherons aussi de le rendre utile aux viticulteurs de toutes les contrées, en évitant de le compliquer par des désignations de cépages divers cultivés dans le Midi, qui sont inconnus dans les départements les plus voisins et dans la plupart des autres vignobles de l'Europe. Il convient que la viticulture entière puisse participer aux bienfaits de la méthode qui peut seule la délivrer *radicalement* du fléau destructeur qui lui a fait éprouver d'immenses et lamentables pertes depuis sept ans et qui menaçait de l'anéantir.

Le Mémoire qui précède posait les principes de la méthode préventive. Ils consistent à soufrer quinze jours avant la floraison, pendant la floraison et immédiatement après la floraison. On ne pouvait être plus explicite dans un document destiné à mettre en lumière une méthode inconnue, diamétralement opposée à celles qui sont officiellement conseillées, et où l'on devait surtout accumuler les attestations, les faits et les preuves qui en démontraient l'efficacité souveraine.

Les trois soufrages mentionnés sont donc le principe ; mais en étudiant avec une attention soutenue les effets des soufrages à diverses époques, nous avons remarqué que tous les propriétaires qui ont soufré par la méthode *répressive*, c'est-à-dire à l'apparition de la maladie et lorsqu'elle paraît après la floraison, n'ont jamais obtenu de succès complets. Quelques soins intelligents qu'ils aient apporté aux soufrages, ils ont toujours eu plus ou moins de raisins malades ou détruits.

Les soufreurs *préventifs* au contraire, qui ont bien opéré leurs soufrages, ont eu leur récolte sauvée avant la véraison, n'ont plus eu besoin de soufrer, ont conservé leurs raisins parfaitement sains et exempts de maladie jusqu'aux vendanges.

D'où nous avons conclu que le soufrage pendant la floraison est la condition indispensable pour le succès *complet*. La vérité de cette conclusion que nous avons développée depuis un an, a été corroborée par les innombrables expériences faites en 1856 sur la vigne, sur les arbres et sur divers végétaux en fleur. Le soufrage pendant la floraison est donc l'essence et le point capital du soufrage préventif.

Les trois soufrages prescrits ont suffi dans toutes les vignes peu atteintes par le fléau ou précédemment traitées par le soufre, mais ce serait une grande erreur de croire qu'ils doivent suffire dans tous les cas ; le succès dépend surtout de l'intelligence du propriétaire, de son attention à veiller à la bonne exécution des opérations, à surveiller la marche de l'ennemi qu'il doit combattre avec ténacité. Nous allons montrer les principaux cas extraordinaires qui peuvent se présenter, en expliquant comment chacune des opérations normales doit être effectuée.

Premier Soufrage avant la Floraison.

Il est très rare que l'oïdium envahisse sérieusement la vigne dans le premier mois de la pousse. Ce cas ne se présente que dans les vignes fortement atteintes par la maladie pendant les années précédentes et dont les coursons sont malingres, noirs et de la plus triste apparence. Nous parlerons plus tard du traitement spécial que ce cas exceptionnel exige.

Ordinairement la maladie procède par invasion de la fin de mai à la fin de juillet. La vigne poussant dans le Midi du 1er au 10 avril, c'est au 20 de mai environ que le soufreur préventif doit opérer son premier soufrage.

Il ne doit pas s'arrêter à l'apparition de quelques traces d'oïdium éparses dans ses vignes. Ces atteintes rares, bien différentes du cas exceptionnel dont nous venons de parler, ne sont pas suffisantes pour qu'il ait à changer la marche normale de ses opérations.

Il doit bien se garder de couper et de sacrifier ces bourgeons atteints par la maladie, comme d'autres méthodes l'ont conseillé; soufrés normalement comme les autres ils donneront de très beaux sarments et de beaux raisins; seulement plus tard les quelques feuilles les plus basses du cep seront desséchées, ce qui est insignifiant.

Dans cette première opération il doit soufrer tout le cep, feuilles et raisins.

Il ne doit dans aucune de ses opérations économiser le soufre. Cette économie serait dangereuse et ruineuse; elle peut le mettre dans la nécessité de faire de nouveaux soufrages supplémentaires qui absorberaient trois fois plus de soufre qu'il n'a cru en économiser, ou l'exposer à perdre sa récolte ou du moins une notable partie de ses raisins.

Tout en n'économisant pas le soufre, il doit éviter autant que possible d'en laisser tomber à terre, ce serait autant de perdu. De nombreuses expériences faites en 1856 prouvent que le soufre n'agit sur les végétaux que par contact. L'hypothèse théorique de l'efficacité de la volatilisation est une des nombreuses erreurs déplorables qui circulent dans le public.

Le propriétaire doit autant que possible choisir un temps calme, et profiter surtout du moment où il y a de la rosée, comme de ceux où les feuilles sont mouillées par une ondée passagère.

Avec l'humidité le soufre adhère mieux et se colle sur le végétal en séchant.

Si après avoir fait son opération surviennent des tempêtes, des pluies battantes ou tout autre accident atmosphérique qui en détruisent visiblement les effets, sans hésiter il doit la renouveler.

En grande culture, ceux qui, vu l'étendue de leur vignoble, ne peuvent choisir les moments propices doivent toujours commencer par les cépages les plus précoces et finir par les plus tardifs. On doit conserver rigoureusement le même ordre dans les trois opérations pour que les soufrages de chaque cépage soient également espacés.

Nous nous bornons à dire ici qu'il faut, autant que possible, que toutes les parties vertes du cep soient mises en contact avec la poudre de soufre. Pour les évaluations des quantités de soufre à employer et du nombre de journées, nous renvoyons à l'indication sommaire du Mémoire. Nous n'entrerons dans aucun détail, parce qu'ils seraient inutiles, les frais du soufrage dépendant du nombre des opérations nécessaires, de la nature des ouvriers, hommes ou femmes, du plus ou moins d'habileté et de travail de ces ouvriers, enfin du prix d'achat du soufre qui a varié depuis six mois de 65 fr. à 25 fr. les 100 kilos. Nul ne peut donc préciser le montant de ces frais généraux.

Le premier soufrage ainsi opéré sera curatif pour les quelques ceps attaqués, et préservatif pour la généralité des souches soufrées, contre les invasions de l'oïdium, jusques au 5 ou au 10 juin , époque où la vigne entre en fleur et où il faut opérer le second soufrage dont nous allons parler.

Ce que nous venons de dire est l'exposé de la pratique qu'il faut suivre dans les cas ordinaires et d'après la méthode qui a réussi complétement, depuis cinq ans, aux soufreurs préventifs dans les contrées où la maladie existe et menace par conséquent les vignes d'invasion ; mais il est des cas exceptionnels qui exigent un traitement tout différent de celui qui doit être appliqué aux vignes précédemment soufrées et dont le bois est en bon état.

Les vignes fortement atteintes précédemment et qui n'ont rien produit ou presque rien depuis quelques années sont dans un état pitoyable ; les coursons après la taille sont très grêles , tâchés, noirs. On peut être dès lors assuré que la pousse sera extrêmement chétive, lente, et que les bourgeons présenteront des germes de maladie dès le début.

Dans ce cas, on ne doit pas hésiter à soufrer aussitôt que le bourgeon s'est allongé de 8 à 10 centimètres, et on doit continuer de le soufrer tous les 8 à 10 jours jusqu'en juin, lors même que l'oïdium paraîtrait avoir disparu.

Ces soufrages répétés pendant la première période de la pousse donnent au nouveau cep une vigueur extraordinaire; tout en portant une bonne récolte , il a acquis à la vendange une grosseur énorme comparée à celle du vieux courson d'où il est sorti, le bois du sarment est bien aoûté et dans un état normal qui lui permet de donner désormais des succès complets avec les trois soufrages de la méthode préventive.

M. Laforgue n'a jamais eu besoin d'user de ce traitement dans ses vignes, par la raison qu'ayant appliqué le soufrage à sée dès 1852, année de la première apparition sérieuse de la maladie dans le Midi, en général le bois de ses vignes a toujours été dans un magnifique état ; il n'en a usé en 1853 et 1854 que sur quelques vignes fortement atteintes en primeur et rebelles, qu'il eut bientôt ramenées à l'état normal , ce qui explique comment, dans un but d'économie, il a supprimé en 1855 le premier soufrage qu'il faisait précédemment en avril , les trois soufrages lui paraissant aujourd'hui suffisants et donnant des succès complets.

Cependant l'oïdium ayant horriblement sévi de 1853 à 1855, beaucoup de vignes non soufrées furent successivement réduites à l'état pitoyable que nous avons décrit et dont la continuation devait indubitablement les anéantir. Beaucoup de propriétaires de ces vignes les ont arrachées, beaucoup d'autres voulurent enfin recourir au soufrage qu'ils voyaient si bien réussir. M. Laforgue consulté par eux leur a appliqué le traitement vigoureux et spécial qui lui avait complétement réussi à lui-même , et qu'il a appliqué l'an dernier avec un succès merveilleux au vignoble des Messieurs Genson , qui se trouvait dans cette catégorie. Ces vignes presque perdues y ont complétement réussi par ce traitement d'une seule année. Jamais les coursons après la taille n'y ont été plus sains, plus beaux et plus vigoureux.

Le succès miraculeux de ce traitement exceptionnel et de la méthode préventive, succès constaté par d'innombrables expériences sur une grande échelle dans l'arrondissement de Béziers et dans l'Aude, a conduit à la découverte de nouvelles propriétés du soufre jusqu'alors inconnues, découverte d'une portée immense dont nous parlerons après avoir décrit les opérations normales qui nous occupent.

Second soufrage pendant la floraison.

Cette opération doit être faite comme la première. On doit soufrer toutes les parties vertes des ceps, feuilles et raisins.

La manière de procéder, l'observation des moments propices, des inconvénients à éviter, notamment celui des vents trop violents qui dispersent le soufre inutilement, sont les mêmes qu'au premier soufrage.

Quant à l'opération, elle doit être faite au moment où le raisin entre en floraison.

Cette crise s'opère ordinairement dans nos contrées en vingt-cinq jours. Les cépages précoces commencent à fleurir du 5 au 10 juin, et les autres cépages continuent par ordre de précocité jusques à la fin du mois de juin.

Chaque cépage doit être soufré au moment où il est en pleine floraison.

Le propriétaire dont les vignes ont peu d'étendue doit donc saisir ce moment. Quant à celui qui a un grand vignoble il doit commencer l'opération au moment où les cépages précoces fleurissent, et continuer jusqu'aux plus tardifs, en suivant l'ordre qu'il a observé au premier soufrage et qu'il doit continuer de suivre dans toutes les opérations pour que les soufrages soient également espacés.

Ce second soufrage pendant la floraison est le plus important et doit par conséquent être fait avec un soin particulier.

Il est entendu que si dans les vingt jours qui s'écouleront de ce second soufrage au troisième, l'oïdium reparaissait pour quelque cause que ce soit, on doit renouveler l'opération sur toutes les parties du vignoble où il se montre.

Le soufreur préventif ne doit pas être une machine à systèmes, il doit combattre avec intelligence et ténacité son ennemi jusqu'à ce qu'il l'ait vaincu.

Troisième soufrage après la floraison.

On doit choisir pour cette troisième opération le moment où le grain du raisin est bien noué et devenu comme du gros plomb de chasse.

Les prescriptions sont les mêmes qu'aux précédentes opérations pour le choix des moments propices, il y a cette seule différence que comme les ceps ont déjà alors pris un grand développement, on ne doit plus soufrer que les raisins principalement, et en soufrant les raisins on soufre aussi naturellement les feuilles qui les avoisinent.

Les premiers jours de juillet sont d'ordinaire, dans le Midi, l'époque où les grains sont dans cet état pour les cépages précoces.

Les grains des autres cépages n'atteignent cette grosseur que quelques jours plus tard suivant leur ordre de précocité, on doit attendre qu'ils l'ayent atteinte pour opérer ce troisième soufrage.

Nous décrivons ici les conditions normales dans lesquelles s'effectuent d'ordinaire ces deux crises importantes de la végétation de la vigne : la floraison et la grainaison ; mais beaucoup de cas exceptionnels peuvent se présenter, la végétation peut être avancée ou retardée considérablement ; la floraison, retardée par des températures contraires à cette crise, peut être surprise par de grandes chaleurs, de telle sorte que tous les cépages fleurissent à la fois, quelle que soit leur différence ordinaire de précocité ; on en a vu souvent des exemples.

Il est entendu que le soufreur intelligent doit prendre en considération ces anomalies atmosphériques, et qu'il doit changer de pratique selon les cas, de manière à ce que ses soufrages soient conformes aux prescriptions normales de la méthode préventive, qui sont celles-ci :

Soufrer quinze jours avant la floraison, pendant que les

raisins sont en pleine fleur, et enfin lorsqu'ils sont gros comme de jeunes petits pois.

Ces trois soufrages opérés, et dans les vignes en état normal, on n'a plus ordinairement besoin de recourir à de nouvelles opérations; les raisins grossissent et mûrissent parfaitement sains jusqu'aux vendanges, et le vin n'a aucun goût de soufre.

Mais le soufreur intelligent ne doit pas s'endormir dans cette confiance, il doit surveiller avec attention ses vignes; si par une cause imprévue, soit que l'effet des soufrages précédents ait été paralysé ou détruit par des circonstances qu'il n'aura pas aperçues, soit qu'une invasion subite dans les vignes qui entourent les siennes les atteigne aussi, il doit réprimer par un soufrage nouveau et immédiat toute apparition imprévue de l'oïdium. La préparation de ses raisins par les précédents soufrages rendra cette répression souveraine et presque instantanée.

Il doit surveiller ces invasions accidentelles jusques à la véraison et les réprimer sans délai dans toutes les parties de son vignoble où elles se seront manifestées.

La véraison effectuée, il ne doit plus soufrer, par la raison que l'expérience de cinq ans a prouvé que tout soufrage opéré sur des raisins vérés et en voie de maturation n'a plus d'effet utile : le mal est alors incurable et le vin qui en résulte est infecté d'un goût de soufre excessif qui le rend impotable et va quelquefois jusqu'à la corruption.

Telles sont les règles normales de la méthode préventive, pour les cas ordinaires et pour les cas exceptionnels, règles qui ont donné un succès complet depuis cinq ans à M. Laforgue et à tous ceux qui l'ont imité sur ses conseils. Mais nous devons faire toutes nos réserves pour l'avenir, n'étant pas de ceux qui posent des limites au progrès.

La pratique de la méthode préventive a eu cet admirable avantage qu'elle a révélé successivement les précieuses qualités du soufre, inconnues jusqu'alors, comme agent actif de végétation, comme engrais, comme utile préservatif de la coulure et exerçant une puissante action sur la crise de la floraison. Immense conquête agricole !

Les critiques de mauvaise foi demanderont peut-être pourquoi ces précieuses découvertes ne sont pas mentionnées dans les mémoires précédents des soufreurs préventifs ; c'est par la raison toute simple qu'elles ne se sont révélées que peu à peu, et que plusieurs de ces découvertes n'ont pu acquérir la force d'une certitude que depuis deux ans.

Ainsi, considéré comme engrais et agent de végétation, le soufre fut employé en 1854 par M. Laforgue pour des vignes de ses contrées fortement attaquées par la maladie dès la pousse, ces soufrages répétés produisirent un effet miraculeux. Il n'a pu appliquer qu'en 1855 et 1856 ce procédé aux vignes presque anéanties par trois ou quatre années de maladie grave et de récoltes presque nulles, par la raison qu'il ne pouvait y en avoir avant dans cet état. Il n'en avait pas de pareilles dans son vignoble, qu'il avait préservé depuis 1852 et dont les sarments ont toujours été magnifiques, ce n'est qu'en 1855 dans ses environs et en 1856 au domaine de MM. Genson, qu'il en a trouvé de réduites à ce degré d'anéantissement pitoyable et qu'il a pu leur appliquer le traitement exceptionnel que nous avons décrit et dont le résultat a été si merveilleux.

Nous avons successivement signalé toutes ces découvertes des précieuses qualités du soufre, et cet éveil a donné lieu depuis à une infinité d'expériences sur la végétation de diverses plantes, sur la floraison des légumes, des arbustes, des arbres fruitiers, expériences auxquelles les travaux de MM. Payen, Pépin, Cazalis-Allut et bien d'autres agronomes éminents ont, en 1856, donné le sceau de la certitude. Ces découvertes merveilleuses n'en sont pas moins dues aux soufreurs préventifs, par la raison qu'ils étaient les seuls qui soufraient en grande pratique et par système pendant les trois premiers mois de la pousse

Parmi ces précieuses découvertes, il en est une que nous devons surtout mettre en lumière, parce qu'elle n'a été encore signalée par personne : c'est l'action prodigieuse du soufre sur les jeunes plantiers.

Depuis l'invasion de la maladie, une grande proscription s'est élevée contre le plant de *Carignan*, le plus précieux des cépages du Midi pour le commerce, attendu qu'il produit du vin très coloré, spiritueux et sans liqueur, avantage inappréciable pour le transport et le mélange avec les vins des autres vignobles. Depuis 1852 on a conseillé de renoncer à ce plant maudit, de l'arracher. M. Marès surtout s'est signalé parmi les proscripteurs de ce malheureux cépage dans son Mémoire en 1855 et dans les deux éditions de ses Manuels en 1856 et 1857.

Or, pendant cinq ans, les soufreurs préventifs ont traité et guéri ce plant si décrié comme tous les autres, et en ont constamment planté, tant ils étaient sûrs de les préserver. Le vignoble de M. Laforgue est principalement complanté de *Carignans* et de *Muscat*, les deux plants les plus maudits et pendant cinq années consécutives il les a préservés avec un succès complet. Preuve évidente que la préservation dépend principalement, si non uniquement, de la précision des époques de soufrage que nous indiquons.

Nous venons de dire que les soufreurs préventifs ont constamment planté des Carignans ; M. Laforgue en a planté dix hectares en 1853, (date bonne à consigner) et il les a chaque année soufrés en mai et juin, comme ses autres vignes. Leur vigueur a été telle, que ces plantiers devanceront d'un ou deux ans l'époque ordinaire où ils sont en plein rapport dans son terrain.

Nous fesons donc, disons-nous, nos réserves pour l'avenir, car, bien que nous ne conseillions aujourd'hui qu'un seul soufrage en mai, il est très-probable qu'on en viendra bientôt à multiplier ces soufrages pendant les trois premiers mois de la végétation de la vigne, en employant le soufre comme agent actif, préservatif de la coulure, et assurant le succès de la floraison. Cette multiplicité d'opérations ne pourra, au reste, que rendre plus complet le succès que nous obtenons déjà en

réduisant autant que possible le nombre des soufrages dans un
but provisoire d'économie de soufre et pour enlever tout prétexte aux reproches de prodigalité qui nous sont faits par les
promoteurs de mauvaises méthodes.

De l'instrument pour le Soufrage.

Il n'existe, à vrai dire, jusqu'à ce jour, que deux types
d'instruments pour opérer les soufrages : la boîte à sablier et le
soufflet.

La boîte à sablier, dont nous avons décrit la forme dans le
Mémoire, fut inventée par M. Laforgue en 1852. On a fait
au premier modèle des changements divers qui n'ont pas été
heureux, et que l'expérience en grande culture a fait abandonner. On en est revenu au type de l'inventeur, reconnu le
plus simple, le plus commode et le meilleur.

Une pratique pendant cinq années consécutives dans nos
contrées et sur de vastes étendues de vignobles, a démontré
l'excellence de cet instrument facile à manier, qui laisse à
l'opérateur une main libre pour écarter les feuilles ou retourner
les raisins. Il a l'avantage de pouvoir pénétrer dans les souches
soufrées, et d'être facilement utilisé dans toutes les phases de
la végétation. Aussi est-il adopté par l'immense majorité des
soufreurs.

Le soufflet inventé par M. Gontier, de Montrouge, près
Paris, a été perfectionné par M. Vergnes, de Montpellier, et
cette année par M. Granal, de Béziers, qui a pris un brevet et
a donné à cet instrument toute la perfection dont il paraît sus-
ceptible.

Le soufflet est précieux pour les jardins, pour les treilles,
pour les arbres fruitiers, et dans tous les cas où il faut soufrer
des touffes de feuilles de végétaux, ou bien atteindre à des bran-

ches élevées. Pour le soufrage des vignes en grande culture, il a quelques inconvénients.

Lorsqu'il s'agit de soufrer les ceps encore jeunes, il répand le soufre sur une grande superficie, et tout ce qui ne touche pas le cep est autant de perdu, les expériences concluantes de 1856 ayant prouvé que le soufre n'agit que par contact et non par volatilisation.

A la troisième opération de soufrage et à celles qui peuvent la suivre, le soufflet a l'inconvénient de ne pouvoir atteindre directement les raisins cachés par les feuilles que l'opérateur ne peut écarter, ses deux mains étant occupées ; et l'expérience a démontré que les raisins malades cachés par les feuilles et que le soufre ne touche pas, succombent à la maladie et pourrissent.

Le soufflet peut très-bien fonctionner pendant la floraison à la seconde opération, par la raison qu'alors la végétation est assez développée pour offrir une surface suffisante à son action, et les raisins en fleur ne sont pas encore cachés en général par les feuilles, il distribue très-bien la poussière de soufre sur toutes les surfaces vertes.

Cet instrument est donc très-précieux, soit pour cette phase de la vigne, soit pour tous les autres soufrages de végétaux des jardins, d'arbres et d'arbustes.

La boîte à houppe, inventée par MM. Ouïn et Franc, procède de la boîte à sablier et du soufflet. Elle n'est en effet autre chose que la boîte Laforgue à laquelle on a ajouté une houppe de fils de laine qui, agités, produisent comme le soufflet un nuage de poussière de soufre.

Cet instrument a des défauts graves ; celui d'abord de ne pouvoir plus fonctionner quand les fils sont mouillés, et ce cas est très-commun, les rosées étant très-abondantes en mai et juin : cet inconvénient est d'autant plus fâcheux que les soufrages avec la rosée sont les plus efficaces. Par sa forme trop volumineuse, il ne peut pénétrer entre les ceps, et la manière dont il distribue la poudre ne permet pas une application directe. Aussi s'en est-il très-peu vendu dans nos contrées où le soufrage est en grande pratique, et il est probable que l'usage le fera totalement abandonner.

La boîte à sablier, Laforgue, dont l'excellent usage est constaté par cinq années consécutives de succès en grande culture, est employée par l'immense majorité des soufreurs de vignes.

Néanmoins, beaucoup de propriétaires achètent en même temps des soufflets-Granal. Ce que nous avons dit du mérite des deux instruments, indique que tout propriétaire devrait être pourvu de l'un et de l'autre pour s'en servir suivant les cas et les modes d'opérations qu'ils exigent.

DU SOUFRE.

Les merveilleuses découvertes des cinq dernières années ont
révélé l'immense avenir du soufre, comme remède curatif et
préservatif désormais certain de l'oïdium, comme puissant
agent de végétation, enfin comme préservatif de la coulure et
concourant avec succès à la bonne fructification des plantes,
arbres et arbustes. Le soufre va donc devenir un des principaux produits de grande consommation ; il est très important
d'en apprécier la valeur vénale dans l'intérêt général et nous
nous en sommes sérieusement occupé depuis plus d'un an.

Les agriculteurs ont dû employer d'abord, pour leurs expériences d'application du soufre à sec, la seule qualité connue
dans le commerce qui fut propre à cet emploi et il n'en existait
d'autre alors que le sublimé, ou *fleurs de soufre*. Les essais
ayant réussi, la demande du soufre sublimé a été hors de pro-
portion avec la fabrication bornée des usines qui le produisent;
une hausse considérable s'en est naturellement suivie, et les
usiniers ont eu recours à la trituration du soufre en canons
qu'ils mêlaient frauduleusement au sublimé réalisant des bénéfices scandaleux. Pendant deux ans ils ont enveloppé cette
coupable industrie du plus grand mystère, interdisant avec

soin l'entrée de leurs ateliers aux curieux. Ils exerçaient un monopole et les conséquences de ce monopole ont été une hausse excessive et constante, à tel point que le sublimé, on prétendu tel, qui ne valait que 27 fr. les 100 kilos en 1854, était monté en septembre 1856 à 70 fr. avec menace de s'élever jusques à 100 fr., prix qui auraient été absolument inabordables pour l'agriculture.

C'est dans ces circonstances que, bien que nous eussions signalé ces excès depuis longtemps déjà, nous résolûmes en octobre 1856, de porter la lumière dans ces ténébreuses exploitations du public, de dévoiler les mystères des fabrications frauduleuses, d'apprécier la valeur normale du soufre ce nouveau pain de la viticulture, de montrer enfin que cette poudre merveilleuse qu'on menaçait de nous faire payer 100 fr. les 100 kilogrammes, nous pouvions l'avoir facilement de 6 à 10 fr. les 100 kilog. Nous avons fait cette démonstration dans une série de quinze articles publiés dans l'*Indicateur de l'Hérault* et c'est le résumé succinct de ce travail que nous allons présenter avec clarté à nos lecteurs.

Le Soufre à l'état naturel.

Le soufre est un corps combustible simple répandu en grande abondance par la nature sur la surface du globe terrestre. Il s'y trouve à l'état pur et natif, mêlé à diverses terres ou pierres, ou enfin combiné avec divers métaux. Mais c'est surtout dans les contrées où existent des volcans actifs ou éteints qu'il se trouve en amas considérables, soit mêlé à des terres ou des cendres, soit en couches quelquefois d'une grande épaisseur où il est presque à l'état de pureté. On sait que les volcans ne sont autre chose que de colossales usines naturelles où le soufre est en fusion et dont la vapeur s'échappe continuellement par le cratère ou par les fissures du sol et est condensée dans l'atmosphère ; qu'il est quelquefois violemment expulsé et coulé en masses par les éruptions.

On a donné à ces vastes contrées volcaniques, très nombreuses dans toutes les parties du monde, le nom de *solfatara* ou soufrière.

Extraction.

Nous ne parlerons pas des modes d'extraction qui consistent à séparer le soufre des métaux et des terres avec lesquels il est chimiquement combiné ; on comprend que dans ce cas l'extraction du soufre n'est que l'accessoire, qu'il serait beaucoup trop cher et qu'il ne pourrait suffire à l'immense emploi agricole. Nous ne nous occupons que de l'extraction des soufrières.

Elle consiste à ramasser sur le sol des morceaux de soufre plus ou moins pur, à fouiller dans la terre pour le rechercher partout où il est mêlé aux terres et à la pierre, enfin à opérer ces fouilles par des tranchées, ordinairement à ciel ouvert. Les morceaux qui le contiennent sont purgés autant que possible des parties terreuses, et rassemblées sous le nom de matière première ou minerai, qui doit être soumis aux opérations de la fonte.

Le minerai de la Sicile, qui fournit en ce moment à la plus grande partie de la consommation de l'Europe, est fort riche et contient de 30 à 50 0/0 de soufre.

Valeur normale du Soufre.

Connaissant le mode d'extraction du soufre nous n'avons pu mieux faire pour en rechercher et faire comprendre la valeur normale que de comparer l'exploitation de ce produit aux exploitations similaires connues de tout le monde, et nous en avons choisi trois : la chaux, le plâtre et la houille.

La pierre calcaire est aussi ramassée sur la surface du sol, ou arrachée de carrières à ciel ouvert, souvent à l'aide de pétards, moyen coûteux qui n'est pas usité dans les soufrières où le soufre est naturellement friable et de facile extraction. Cette pierre calcaire ainsi obtenue doit être charriée de la carrière au four, purgée des parties terreuses, concassée en petits morceaux, mise dans le four mélangée avec de la houille, triée de nouveau après calcination, transportée du four au lieu de consommation.

Et cependant la chaux est livrée rendue chez le consommateur à un prix qui, selon les localités, varie de 2 fr. a 3 fr. les 100 kilogrammes.

La pierre à plâtre exige les mêmes frais que la pierre calcaire, pour l'exploitation et pour la cuisson , auxquels il faut ajouter : l'achat du terrain qui recouvre la carrière, de plus grands frais d'extraction la pierre à plâtre étant plus dure à arracher, la trituration en poudre fine du plâtre calciné.

Cependant le plâtre en poudre est livré au consommateur à domicile au prix de 3 fr. les 100 kilog. , et il faut beaucoup plus de feu pour calciner la pierre qu'il n'en faut pour faire fondre le minerai de soufre.

Pour *la houille* , les frais sont bien autrement considérables; la mine représente d'abord un capital énorme; le bassin de Graissessac vient entr'autres d'être vendu 14 millions qui représentent un intérêt annuel de 6 ou 700 mille francs, qu'il faut faire rentrer avant d'avoir un bénéfice net quelconque. L'exploitation dans les entrailles de la terre est fort coûteuse et nécessite l'emploi de la poudre ou du bois pour étançonner , des machines, d'immenses matériels et personnels, un droit à payer au fisc, des frais de transport par charrette sur une distance de 45 kilomètres de la mine à notre port ;

Cependant la houille de Graissessac se vend *au détail* dans notre port à 3 fr. 75 les 100 kilogrammes (37 fr. 50 la tonne) et celles de la Grand-Combe, de Carmaux et des autres mines du midi, s'y vendent à peu près au même prix.

Or , l'extraction du soufre étant évidemment bien moins coûteuse que celle de ces trois produits, en y comprenant les frais minimes de première fonte et ceux de transport au lieu d'embarquement , nous en concluons que le prix normal du soufre doit être d'environ 3 fr. les 100 kilogrammes au lieu d'embarquement , dans l'état même d'imperfection actuel. Il est évident qu'en appliquant à l'exploitation les chemins de fer et tous les moyens d'économie qu'offre la science de nos jours, on obtiendrait une réduction notable sur ce prix de revient.

Fonte du minerai. — Type du produit.

Le minerai de soufre est mis dans des vases en terre cuite ou dans des chaudières en fonte ; à l'aide d'un feu modéré il s'y convertit en liquide ; les pierres ou corps étrangers se déposent au fond des chaudières ; le soufre liquide s'écoule dans une tinette en bois contenant de l'eau et s'y coagule ; la tinette lorsqu'elle est pleine est renversée et forme une masse compacte qu'on brise avec un mandrin en morceaux gros environ comme le poing ; il est répandu dans le commerce en cet état sous le nom de SOUFRE BRUT.

Le soufre brut n'est pas toutefois en état de pureté parfaite il contient environ un douzième (8 pour 0/0) de parties terreuses que le liquide tenait en suspension et qu'il a entraînées en se transvasant ; mais il n'en faut pas moins remarquer par quel bonheur providentiel ce produit destiné à une consommation immense peut être réduit à un type commercial unique qui lui donnera une valeur positive et quasi monétaire.

En effet, en quelque lieu du globe que le minerai soit fondu il n'y aura jamais que le soufre converti en liquide et le résultat sera partout le même. Il faut encore remarquer que ce produit sera à l'abri de toute fraude par la raison qu'elle ne sera pas profitable. En supposant, en effet, sa valeur normale à 3 fr. les 100 kilog. au port d'embarquement , celui qui voudrait y mêler un sixième de matières terreuses n'aurait que 50 centimes par 100 kilog. de profit qui serait certainement absorbé par les frais de réduction de ces matières à un état de ténuité qui permit leur suspension dans le liquide.

Il ne peut donc y avoir de fraude s'il n'y a profit, et profit notable.

Raffinage et sublimation.

Divers emplois industriels ou pharmaceutiques exigeaient pour le soufre une plus grande pureté ou sa réduction en matière impalpable , on y a pourvu par le raffinage et la sublimation. Le raffinage du soufre en corps compacte a lieu par une opération pareille à la première. Il est fondu une seconde fois dans une cornue, avec cette seule différence qu'elle n'est plus chargée avec du minerai, mais avec du soufre brut ; le liquide dépose au fond de la chaudière une partie des molécules terreuses qu'il pouvait contenir, il est coulé dans des moules en bois légèrement côniques où il se coagule, et est livré au commerce sous le nom de *soufre en canon*.

La sublimation s'opère au moyen du même appareil, avec la différence que le liquide, au lieu d'être coulé, est vaporisé. La vapeur de la cornue est conduite par un tuyau dans une chambre en maçonnerie où elle se condense en flocons et s'y dépose sur les parois et sur le sol. Elle est ramassée en cet état et est livrée au commerce sous le nom de *soufre sublimé* ou *fleurs de soufre*.

Ces raffinages n'ajoutent rien à la vertu du soufre, bien que les termes qui les désignent doivent le faire croire au public qui ignore ces manipulations ; au contraire, chaque nouvelle fonte nuit à sa qualité.

A la vérité, par ces opérations, le soufre est débarrassé d'une grande partie des 8 pour 0/0 des molécules terreuses qu'il contient à l'état de soufre brut, mais cet avantage apparent est absorbé et au-delà par le déchet résultant de la refonte que M. Payen porte, dans son *Traité de Chimie industrielle*, à 10 pour 0/0 aussi bien sur le sublimé que sur le raffinage en canon.

Le consommateur agricole n'a donc rien à gagner sur ce point à ce changement de forme, au contraire, il y perd, et il y perd énormément par les frais considérables tout à fait inutiles qu'entraînent les opérations de raffinage, comme nous allons le démontrer.

Emploi agricole.

Nous venons de voir que le soufre n'est livré au commerce que sous trois formes : *le soufre brut, type ; le soufre raffiné en canon* et enfin *le sublimé* ou *fleurs de soufre*.

Les agriculteurs ayant eu besoin de projeter du soufre en

poudre sur les vignes, ils ont dû avoir recours d'abord au seul soufre qui était répandu dans le commerce sous cette forme : le sublimé. Mais les ateliers de sublimation, proportionnels aux besoins ordinaires de l'industrie, ne purent bientôt plus suffire à ce surcroît énorme de demandes ; une forte hausse survint et la hausse, comme toujours, engendra la fraude.

On tritura le soufre en canon et on le mêla à la fleur de soufre, et comme la différence du prix des deux qualités était très considérable on réalisa par cette fraude des bénéfices énormes et scandaleux.

Cependant la hausse et la demande du prétendu sublimé faisant des progrès incessants et le trituré—raffiné comme le sublimé étant insuffisants, on en vint à la trituration du soufre brut, qui sous cette forme fut encore employé aux mélanges frauduleux. Cependant le bruit des grands bénéfices réalisés par les manipulateurs a fait multiplier les usines, et les diverses qualités de soufre en poudre ont été vendues par les industriels consciencieux sous leurs vrais noms : *brut-trituré*, *raffiné-trituré*, *sublimé*.

Il convient d'examiner quelle est la meilleure de ces qualités pour l'agriculture. Malheureusement tous les écrits de M. Marès ont prôné le sublimé comme bien préférable et les usiniers l'ont répété avec ardeur par intérêt. L'approbation des écrits de M. Marès a donné naturellement du crédit à cette erreur déplorable entre tant d'autres ; elle a donc fait de nombreuses victimes, et on ne saurait se faire une idée de l'énormité des sommes que les viticulteurs y ont perdu depuis deux ans que la supériorité du soufre brut-trituré pour l'emploi agricole est reconnue.

Bénéfices scandaleux des Raffineurs.

Avant l'oïdium, le soufre brut valait à Marseille de 10 à 12 fr. les 100 kilog., le raffiné en canons valait de 16 à 18 fr., et le sublimé de 22 à 24 fr. Cette marge laissait aux usiniers de très beaux bénéfices, nous l'avons dit depuis huit mois d'après nos informations positives, et pour qu'on ne puisse pas en

douter, nous allons invoquer l'autorité des hommes de science
les plus experts.

M. Payen, l'éminent chimiste et président de la Société Centrale d'Agriculture, établit dans sa *Chimie industrielle* (p. 95)
les frais des raffinages de soufre, et il en résulte :

Que pour raffiner le soufre brut et le soufre en canons, en y
comprenant les frais généraux : de combustible, de main-d'œu-
vre, d'intérêts du capital, d'usé d'ustensiles, d'emballages et
transports, il en coûte fr. 3,06 par 100 kilog. plus fr. 1,30 de
déchet, soit en total : fr. 4,36 par 100 kilog.

Que pour réduire le soufre brut en sublimé, en y comprenant tous les frais généraux qui précèdent, il en coûte fr. 7,07
plus fr. 1,30 de déchet ; total : fr. 8,33 par 100 kilog.

Notre évaluation première laissait donc plus de marge aux
usiniers que le compte de revient positif de M. Payen.

Or, si l'on considère que jusques aux vendanges dernières
le prix du soufre brut s'est constamment maintenu de 12 à 15
fr. les 100 kilos ; on aura une idée de la monstruosité des bénéfices réalisés par les usiniers.

Le soufre brut étant à 15 fr., il doit revenir normalement à
17 fr. les 100 kilos, trituré, et à ce prix il reste un gros bénéfice à l'usinier; pour qu'on puisse en juger, il n'y a qu'à dire
qu'une meule mue par un cours d'eau réduit en trituration
parfaite 100 kilog. de soufre brut en vingt minutes, soit trois
balles par heure. Une meule qui ne travaillerait que 12 heures
par jour seulement, en comptant le triturage à 2 fr. les 100
kilog., gagnerait donc 72 fr. par jour, et si elle travaillait
24 heures 144 fr. par jour !....

Le soufre brut étant à 15 fr. le *raffiné en canons* ne devrait
valoir, d'après M. Payen, que 20 fr., et réduit en *raffiné-trituré* 22 fr. les 100 kilos tout au plus ;

Le soufre sublimé, d'après M. Payen, ne devrait valoir que
25 fr. 62 cent. les 100 kilog.

Cependant ce soufre brut trituré qui ne devait valoir que 17 fr., on a été jusqu'à le vendre 35 fr. les 100 kilog. — Bénéfice usuraire, en sus du bénéfice normal, 18 fr. par 100 kilog., plus de *cent pour cent !....*

Le soufre raffiné-trituré, qui ne devrait valoir que 22 fr., on l'a vendu jusqu'à 45 fr. — Bénéfice usuraire, 23 fr. ; plus de *cent pour cent !....*

Le soufre sublimé, qui, en nombres ronds, ne devait valoir que 24 fr. ; on l'a vendu jusqu'à 65 fr. — Bénéfice usuraire, en sus du bénéfice normal, 41 fr. par 100 kilog. environ *cent soixante pour cent !....*

Ce n'est pas tout, dans les mélanges des qualités basses avec les qualités supérieures, on gagnait de plus la différence existant entre les prix normaux de ces deux qualités. Ainsi, le brut-trituré valant 17 fr. et le sublimé 24 fr., tout le brut-trituré entrant dans le mélange frauduleux donne un bénéfice, non plus de 41 fr., mais de 48 fr. les 100 kilog.

Avons-nous tort de traiter ces excès de scandaleux, et faut-il s'étonner qu'on cite tels usiniers à Marseille qui, opérant sur 15 à 20 mille balles, ont gagné en un an des douze cents et quinze cents mille francs dans une industrie des plus simples qui n'aurait pas dû donner plus de 10 à 15 mille francs de bénéfice honnête et normal ?

Croit-on que depuis huit mois et plus que nous les avons signalés, ces excès aient cessé ? non, ils existent toujours ; le soufre brut matière première a il est vrai haussé de 6 fr., il est monté à 21 fr., mais le scandale est encore énorme.

Le *brut-trituré* devrait valoir 23 fr. — On le vend de 32 à 35 fr.

Le *raffiné-trituré* devrait valoir 29 fr. — On le vend 42 à 45 fr.

Le *sublimé* devrait valoir 30 fr. — On le vend 55 fr. — Au détail dans les villages 60 fr.

faut-il donc s'étonner que ceux qui tiennent aux usines de près ou de loin prônent l'excellence du sublimé ?

Le Soufre brut-trituré est le meilleur.

Depuis deux ans, il est constant que le soufre brut-trituré produit le même effet que le sublimé pour l'agriculture. M. Poinsot a constaté, qu'à poids égal, il était même plus énergique; les expériences remarquables de M. Cazalis-Allut en 1856, celles du domaine entier de M. Genson et de mille propriétaires ne laissent aucun doute à cet égard. C'est un fait acquis, et dès lors le brut-trituré devrait être adopté par tout le monde, d'abord parce qu'il ne peut être fraudé et en second lieu pour s'affranchir des excès usuraires scandaleux que nous venons de décrire. Ce scandale est assez évident pour que nous ne devions pas insister davantage sur ce point.

Ne pouvant nier l'efficacité du soufre brut, voici ce qu'on attribue au sublimé : il est plus pur, dit-on, il est plus léger, il adhère mieux, il *titre plus* au sulfo-mètre de M. Chancel, il est plus divisé et à poids égal il soufre un plus grand nombre de souches. Assertions tout aussi peu fondées que les premières et dont il faut bien faire justice.

M. Payen affirme d'abord positivement dans sa *chimie industrielle* : « que le soufre sublimé est le moins pur, et que le trituré doit être préféré *partout où il est employé en poudre* » M. Magnes-Lahens l'éminent chimiste de Toulouse, dit comme lui que le sublimé contient de *l'acide sulfureux* qui tend *à se volatiliser* et à se transformer en *acide sulfurique.*

Quant à l'adhérence, soutenir cette thèse serait aujourd'hui ridicule, des milliers de soufreurs sachant fort bien par leurs expériences et surtout par leurs succès que le trituré adhère parfaitement.

Pour ce qui est du poids et de tout le reste, il faudrait bien compter sur la crédulité du propriétaire pour lui présenter comme articles de foi des expériences qui, en fait, ne prouvent rien. Leur résultat dépend, en effet, entièrement du plus ou moins de perfection mécanique du trituré qu'on prend pour point de comparaison. C'est une affaire de bluttage et voilà tout. Et pour le bluttage on peut facilement en reconnaître la perfection sans avoir recours à la chimie dont on a par trop abusé. Un tamis type en soie, par lequel la poussière du soufre devrait passer, serait bien plus sûr et plus simple.

Le plus de souches soufrées par le soufflet Vergnes ne prouve rien non plus, si ce n'est que ce soufflet dépense plus du trituré que du sublimé, pour répandre le premier il n'y aurait qu'à changer la toile métallique. Avec le sablier on met de soufre ce qu'on veut.

Au reste, depuis plusieurs mois il s'est établi ici des ateliers de trituration déjà nombreux dont les produits sont supérieurs et ont l'apparence du sublimé au tact. Nous espérons qu'après qu'on nous aura lus il s'en établira un grand nombre d'autres.

Le trituré adhère très bien. — Il n'est pas aussi facilement emporté par le vent. — Il ne forme pas de grumeaux, souvent très gros, comme le sublimé ; inconvénient fort grave puisqu'il est reconnu que le soufre n'agit que par contact. — En effet, 20 ou 30 molécules de soufre agglomérées ne peuvent toucher les tissus verts que par un point, si toutefois leur poids et la surface qu'elles présentent au vent en cet état, ne les font pas tomber et perdre tout à fait. — En pratique, le trituré est donc plus divisé que le sublimé. Ce qui fait voir que l'essai par le sulfo-mètre rempli d'Éther n'est nullement concluant.

Ces grumeaux sont en effet une particularité inhérente à la nature du sublimé, à cause de l'acide sulfurique qu'il contient et qui absorbe l'humidité répandue dans l'atmosphère.

Le trituré produisant l'effet voulu, le propriétaire n'a rien à faire du raffinage dont les frais énormes seraient en pure perte pour lui, puisqu'il doit jeter le soufre. Il sait fort bien que le soufre brut contient un douzième de particules terreuses, mais que lui importe ? les 9 fr. par balle de frais de sublimation seraient bien autrement graves. Les onze douzièmes de ce qu'il emploie sont du soufre pur et produiront leur effet. Cela lui suffit.

Quand le soufre brut sera à 9 fr. — ce qu'il faut espérer — les frais de fabrication du sublimé le feraient revenir à 18 fr. le double !.... cette fabrication sera donc à l'avenir impossible, et les usines seront sans valeur.

Sous tous les points de vue, le propriétaire doit donc employer uniquement du brut-trituré ; par économie et pour s'affranchir des monopoles usuraires et frauduleux.

Le *brut-trituré* est donc le seul convenable et le meilleur pour l'emploi agricole.

Du Transport Maritime.

La question du transport maritime est celle sur laquelle le public viticulteur peut être le plus facilement trompé, peu au courant qu'il est de la valeur et du taux des divers frets. Il convient donc de l'éclairer sur ce point.

Le tonneau maritime étant de 1000 kilog., et la balle de soufre commerciale pesant 100 kilog., il est évident que chaque 5 fr. par tonneau de fret grève le prix de la balle de 50 centimes.

Il ne s'agit donc plus que de connaître le cours du fret pour tel ou tel lieu pour savoir de combien la balle sera renchérie.

Ainsi, le fret de la Guadeloupe à Bordeaux ou Marseille étant d'ordinaire de 40 fr. par tonneau, le soufre provenant de cette île ne coûterait que 4 fr. par 100 kilog. (ou par balle) de port.

Celui provenant des soufrières de Ténériffe, coûterait beaucoup moins, Ténériffe étant beaucoup moins éloigné de nous.

Celui qui proviendrait des côtes de l'Amérique centrale qui abondent en soufrières inépuisables, et où le fret pour la France est ordinairement coté à 60 fr., serait renchéri de 6 fr. par balle pour le port.

Nous avons montré aux industriels la voie qu'ils doivent suivre et ce que la prudence leur commande.

Il est entendu que nous ne parlons ici que du fret ordinairement coté pour toutes sortes de marchandises, et que si on organisait un service de transport spécial, dont les chargemens seraient assurés d'avance, le fret pourrait s'obtenir à un prix beaucoup moindre.

Déductions et Conclusions.

Il est désormais acquis que le soufre va devenir un des principaux produits de grande consommation du monde commercial ; ce pain de la viticulture, nous l'avons payé pendant deux ans au prix scandaleux de 40 à 65 et 70 fr. les 100 kilog.; nous avons dévoilé les mystères de ces excès, qui ne tenaient pas uniquement au rapport de l'offre et de la demande, comme on l'a dit, mais aussi à l'entente usuraire et insatiable, aux mystères industriels des usiniers qui menaçaient de faire payer ce pain avant peu à 100 fr. Nous avons voulu faire voir que ce précieux produit aussi cher qu'indispensable nous pouvions l'avoir à 8 ou 10 fr. les cent kilog.

Nous avons démontré que l'extraction du soufre étant moins coûteuse que celle de la chaux, du plâtre et de la houille, ce soufre, don gratuit de la nature, devait s'obtenir au port d'embarquement au prix de ces trois produits similaires vendus au détail dans nos ports à 3 ou 4 fr. les 100 kilog.

Nous avons montré ce que vaut le transport maritime. En ajoutant aux 4 fr. d'achat les 6 fr. par balle de port pour le soufre provenant de l'Amérique méridionale, nous avons prouvé que ce produit mystérieux, sur lequel tout le monde s'est tu jusqu'à ce jour, pourrait être obtenu à 10 fr. et à moins s'il vient de lieux moins éloignés.

Notre démonstration est donc faite; on aurait beau chicaner sur quelques francs de nos diverses évaluations, elle n'est pas moins faite et patente.

Nous avons donc rassuré les viticulteurs sur leur avenir.

Aux amateurs de profits excessifs, nous avons fait voir que les bénéfices exorbitants de 40 et 50 fr. par balle que les divers intermédiaires se sont partagés sur un produit dont la valeur normale est de 10 fr. ne peuvent absolument durer.

Ils comprendront que désormais le soufre brut ne devra valoir que le prix qu'il aura coûté pour l'exploiter, plus un bénéfice honnête. — Que désormais il en sera de la mouture du soufre brut, comme il en est aujourd'hui de la mouture du plâtre, et de celle du blé.

Aux prôneurs du sublimé, nous avons fait voir que le *soufre brut trituré* est le seul qui puisse convenir pour l'emploi agricole. S'ils calculent à 20 ou 30 fr. par chaque balle de sublimé consommée avec ce surcroît de bénéfice usuraire et parfaitement inutile, ils seront effrayés des nombreux millions que ces conseils, si légèrement donnés, et sans tenir compte des progrès ou des observations d'autrui, ont fait perdre à la viticulture française seulement, et en une seule année.

C'est une bien grave responsabilité qui pèse sur eux et sur ceux qui les soutiennent.

Depuis huit mois que nous avons émis ces idées neuves, car personne, que nous sachions, n'a examiné sous ce point de vue, cette question immense du soufre ; nous disons immense à bon droit puisqu'il s'agit d'un produit qui sauve la viticulture de la ruine et qui va devenir désormais comme engrais un des principaux articles de grande consommation du monde commercial ; depuis, disons-nous, que nous avons émis ces idées elles ont déjà produit beaucoup de bien, malgré la préconisation incessante et intéressée du sublimé. De nombreux ateliers de triturage de soufre brut se sont établis : nous sommes certains qu'il s'en établira bientôt d'autres très importants. On ne saurait trop encourager ces établissements, les industriels qui les adoptent peuvent être assurés que l'avenir est à eux ; une seule considération doit le leur garantir c'est celle-ci : les procédés les plus simples sont les meilleurs et finissent toujours par triompher en agriculture. Voilà pourquoi la méthode de soufrage *préventive* est et sera aussi la meilleure.

NOTICE CHRONOLOGIQUE

DES

Progrès pour le traitement de l'Oïdium, jusqu'à sa destruction définitive et désormais certaine.

Ce travail a été fait par tous ceux qui ont écrit sur cette grande question, mais, soit par négligence, soit par défaut de renseignements exacts, soit par partialité, ils ont tous présenté des résumés incomplets et injustes à tel point qu'ils n'ont pas fait seulement mention de beaucoup des inventeurs concurrents couronnés au dernier concours, ni de M. Laforgue qui a seul résolu la question depuis cinq ans et toujours avec un succès complet. Nous allons présenter ce résumé rectifié en rendant justice à tout le monde avec l'impartialité la plus absolue, prêts à rectifier, quant à nous, les erreurs qui pourraient s'y glisser contre notre intention.

1845.   — L'oïdium se manifeste pour la première fois en Angleterre dans une serre près de la ville de Margate, et y reparaît pendant trois ans.

1847.   — M. Tucker, jardinier de cette serre, fait une notice sur la nature de la maladie.

     — M. Berckeley, savant botaniste, décrit le premier et très-exactement la nature du cryptogame oïdium, qu'il nomme *Oïdium Tuckeri*.

— M. Kyle, jardinier anglais, de Leyton, applique le premier avec succès le soufre en poudre, en mouillant les ceps et les pampres.

1848   — L'oïdium apparaît pour la première fois sérieusement sur le continent, en Belgique, à Paris et à Versailles, dans les serres chaudes et sur les treilles.

1849.   — La maladie reparaît avec plus d'intensité.

1850.   — Les savants et habiles horticulteurs s'occupent activement de la combattre.

— M. Montagne communique à la Société Centrale d'Agriculture la première étude sérieuse et complète sur cette question.

— M. Duchartre, notre compatriote, aidé de M. Hardy, jardinier en chef, applique avec succès, et par les mêmes moyens, le procédé de M. Kyle aux treilles de Versailles.

— M. Grison, jardinier à Versailles, emploie avec succès sur les treilles une dissolution de sulfure de chaux.

— M. Bergman, jardinier de M. Rotschild, à Ferrières, obtient des succès dans ses serres en répandant de la fleur de soufre sur les tuyaux de chaleur qui la réduisaient en vapeur.

— M. Gontier, de Montrouge, est celui de cette période qui réalisa les progrès les plus importants ; il inventa le soufflet, il étendit le soufrage aux vignes. Bien que ce fût toujours par les mêmes moyens impraticables pour la grande culture, c'était un grand pas.

1851.   — La maladie se répand en Italie et dans presque tous les grands vignobles de la France ; on la signale dans les environs de Lunel, et on commence à s'en émouvoir.

1852   — L'invasion se manifeste dans tout le Midi.

— MM. Victor Rendu et L. Leclerc sont chargés
par le gouvernement de faire une enquête sur l'é-
tat des vignobles et sur la marche de la maladie.

— Le docteur Turrel, à Toulon, applique sans
succès le procédé *Grison* à la grande culture sur 10
hectares de vignes.

— Les membres de la Société Centrale d'Agriculture de l'Hérault commencent à essayer du plâtre,
de la chaux et d'une infinité d'expédients dont aucun
ne donne de résultats satisfaisants.

— La maladie fait sa première invasion sérieuse
dans le vignoble de M. Laforgue. Il essaye immédiatement d'une infinité des moyens précédents pour la
combattre. Un hasard lui donne l'idée d'essayer aussi
du soufre à sec. Il reconnaît bien vite que de tous les
moyens employés le soufre est le seul efficace. Il court
à Narbonne et à Béziers ramasser toute la fleur de
soufre qu'il peut trouver; invente la boîte à sablier
pour la répandre; soufre toutes ses souches malades
et sauve ses raisins.

— De ce moment la grande découverte de la guérison en grande culture était faite. Ce fait eut un
grand retentissement dans la contrée. M. Laforgue
écrit à Marseille pour faire provision abondante de
soufre pour l'année suivante.

1853.   — La maladie fait des progrès effrayants dans
tout le Midi.

— M. Marès et tous les membres de la Société d'A-
griculture de l'Hérault font des essais d'une infinité de
moyens de guérison; parmi ces membres on distingue
surtout M. Cambon, qui essaya 40 ou 50 procédés
divers. Rien ne réussit.

— Au même moment, dans la Gironde, MM. Duchatel, de Sèze et Pescatore obtenaient des succès par
le soufrage à sec, mais ces succès n'eurent pas de

suite faute de méthode précise pour l'époque des opérations.

— M. Rose Charmeux à Thoméry, pratiquait aussi le soufrage à sec sur 120 hectares de chasselas, avec le soufflet Gontier. Le succès fut merveilleux.

— Quant à M. Laforgue, fier de ses succès en 1852, dès le mois d'avril il commence à solliciter tous les propriétaires de l'imiter, leur assurant l'efficacité souveraine du soufre. Il opère des soufrages par avance en avril, mai, juin et juillet ; c'était la première application de sa méthode préventive qu'il a toujours suivie depuis, le succès ayant dépassé toutes ses espérances.

— Tous les vignobles de la contrée étaient complétement ravagés par la maladie. M. Laforgue ne cessait de faire voir ses vignes magnifiques comme des oasis au milieu de vignes désolées, et d'engager tous les propriétaires à l'imiter, en leur expliquant sa pratique si simple.

1854. — Rapport de la Société d'horticulture de Paris, rapport de M. Victor Rendu, deux documents dont l'objet était de rendre compte des succès de Thoméry. M. Victor Rendu parlait en outre des succès de MM. Duchatel, de Sèze et Pescatore. Il recommandait l'emploi du soufrage à sec *dans les jardins et la petite culture*. « Il *espérait* aussi qu'on pourrait, dans la suite, l'appliquer également à la grande culture. » (Or, c'était alors réalisé depuis deux ans par M. Laforgue, que ne l'a-t-il pas su alors , son rapport inséré au *Moniteur* eut épargné à la viticulture universelle une perte de plus d'un milliard de francs. Mais comment aurait-il pu le savoir !...)

— Pendant cette année, la même ignorance et la même incertitude que par le passé règnent dans le Midi et au sein même de la Société d'agriculture de l'Hérault. (Voir les bulletins.) M. Marès essaye de 23 moyens différents (voir son Mémoire) parmi lesquels

plusieurs où le soufre figurait soit pur, soit en combi
naisons, il dit que le soufre a produit un bon effet, qu'il
préconise. D'autres membres qui en avaient aussi usé
sans succès (sans doute par le vice de précision dans
l'époque des opérations) nient l'efficacité du soufre et
déclarent ne vouloir plus soufrer à l'avenir. Le désor
dre et l'incertitude sont au comble.

— En ce moment M. Bonnel, de Narbonne, publie
un Mémoire sur l'emploi du soufre, sans précision d'é
poques. Des viticulteurs dignes de foi affirment qu'il
a toujours eu très-mauvaise récolte depuis l'invasion,
qu'il a renoncé à soufrer en 1856 et dissuadé ses amis
du soufrage, croyant à l'inefficacité du soufre.

— M. Laforgue continue sa propagande. Un assez
grand nombre de propriétaires l'avaient imité en
1853, il fait un plus grand nombre de prosélytes, qui
tous réussissent selon qu'ils ont plus ou moins bien
suivi ses prescriptions, et réalisent des recettes fabu-
leuses. Il obtient toujours lui-même un succès merveilleux par sa méthode préventive et poursuit le
cours de ses expériences progressives.

— Ses succès ayant eu un grand retentissement, M.
Marès et un autre gros propriétaire se rendent à *Quarante* en décembre 1854. M. Laforgue leur fait pro-
mener ses magnifiques vignes enclavées au milieu de
vignobles anéantis par la maladie, leur fait goûter
l'excellent et beau vin qu'il vient de récolter, leur
explique sa pratique depuis trois ans, comme à tout
le monde. Ils sont émerveillés, proposent d'envoyer
leurs agents ruraux ; M. Laforgue se charge volon-
tiers de les instruire.

1855.   — Les dissidences d'opinion sont encore plus
profondes au sein de la Société centrale d'agriculture
de l'Hérault. L'opinion de la guérison spontanée et de
l'inefficacité du soufre est vivement soutenue par ceux
qui n'avaient pas réussi en 1854 (évidemment par le
vice du mode et des époques des opérations), puisque

M. Laforgue obtenait des succès complets depuis trois ans.) Les dissidents ne soufrent plus et déclarent s'en remettre à la Providence. M. Marès, nécessairement plus convaincu par les merveilles qu'il vient de voir à Quarante, quoique sans en parler, défend avec acharnement l'efficacité du soufrage. Les discussions sont très-animées et très-vives.

— M. Marès soufre *pour la première fois* la totalité de ses vignes.

— Il travaille activement à la rédaction du Mémoire, médaillé depuis par la Société centrale de Paris et couronné par la Société d'encouragement ; malheureusement il s'y écarte de la pratique de M. Laforgue et y introduit beaucoup de fausses doctrines en matière de soufrage. Il y cite quelques noms de propriétaires qui ont fait des essais de soufrage comme lui en 1854 et place M. Laforgue le dernier comme ayant fait des essais en mouillant les pampres d'après le système Gontier, ce qui n'est pas exact, M. Laforgue ayant toujours soufré à sec depuis 1852.

— M. Marès publie son Mémoire en août, avant d'avoir vu le résultat de cette première expérience en grand.

— M. Laforgue qui n'avait témoigné aucune prétention et n'avait agi que par dévouement au bien public, aperçoit la portée de cette publication et s'empresse de solliciter de M. le Sous-Préfet de Béziers la nomination d'une commission solennelle pour visiter l'état de sa récolte pendante et faire une enquête sur sa pratique depuis 4 ans. Cette commission composée de viticulteurs choisis parmi les plus intelligents et les plus instruits de l'arroudissement et où figurait M. Esprit Fabre, d'Agde, un des plus habiles praticiens de la Société centrale de Montpellier, se rendit à Quarante, et après un examen minutieux qui ne dura pas moins de quatre heures, fut émerveillée de l'état des raisins de M. Laforgue.

— Le rapport de cette commission , en date du 12 septembre 1855 , constate qu'il n'est pas une *seule souche* que M. Laforgue n'ait guérie. Il constate tout ce qui est dit dans le Mémoire reproduit en tête de cette brochure. Ce rapport fut envoyé à qui de droit, et il n'en a plus été question depuis : les journaux les plus répandus du département ont refusé de l'insérer.

— La méthode de soufrage préventive se répand de plus en plus en 1855 et toujours avec le même succès.

1856.   Cette année a été la plus remarquable pour la manifestation désormais définitive de la vérité.

— Le rapport de la commission biterroise est répandu dans nos contrées par M. Laforgue ; notre Mémoire est publié en mai, ces deux documents peuvent donc servir d'enseignement pour cette année aussi bien que le Mémoire de M. Marès , publié à la fin de 1855.

— Une commission spéciale est nommée par la Société centrale d'agriculture de l'Hérault. Bien que fait sur un espace trop réduit et mal choisi vu le mélange des plants, cette expérience qui semblait pécher par l'intelligence et la netteté a prouvé l'efficacité incontestable du soufrage. Malheureusement les conclusions du rapport, absolument calquées sur le Mémoire de M. Marès , contiennent beaucoup de doctrines fausses, théoriques et pratiques, en fait de soufrage.

— MM. Cazalis-Allut et le Docteur Frédéric Cazalis font une série d'expériences très remarquables par la grande intelligence, la bonne foi et l'exactitude qu'elle témoignent. Par le choix des vignes opérées de divers âges, plus ou moins anéanties par la maladie antérieure, par les soufrages par bandes, par carrés , par rangées et jusqu'aux alternes, ils ont démontré l'efficacité incontestable du soufre. Par le poids et la mesure des sarments, ils ont prouvé la merveilleuse action du soufre sur la végétation ; enfin par les soufrages en juin ils ont prouvé la supériorité de ces soufrages pendant la floraison, qu'ils adoptent désormais quand même, ce qui est, en fait, la glorification de notre méthode préventive.

— Ces Messieurs ont par ces belles expériences bien compensé leurs erreurs passées, erreurs qui, ils l'ont bien prouvé, ne venaient pas de leur fait. S'ils avaient connu M. Laforgue en 1853 et 54, la commune de Frontignan aujourd'hui ruinée, serait dans la plus grande prospérité.

— De leur côté, MM. Payen, Pépin et Marès font des expériences qui démontrent les merveilleuses qualités du soufre comme engrais, comme préservatif de la coulure, comme agent précieux pour la fructification ; qualités que nous avions signalées depuis deux ans.

M. Laforgue fait une expérience publique et solennelle de sa méthode sur l'entier domaine des MM. Genson, réduit comme Frontignan à l'état le plus pitoyable et entouré de domaines dans le même état. Le résultat est merveilleux et admiré aux vendanges par M. Gontier de Paris, inventeur du soufflet. Il affirme n'avoir jamais vu en fait de soufrage un succès plus magnifique et plus complet. Tous les domaines d'alentour sont anéantis et ne produisent presque rien. MM. Genson réalisent une récolte de 150 mille francs sur 58 hectares de vignes.

Dans les départements de l'Ouest de grandes expériences tentées avec succès dès 1855, sont renouvelées en 1856 sur une assez grande échelle. A Toulouse, MM. Frédéric Lignères, secrétaire de la Société d'Agriculture de la Haute-Garonne, et M. Boquet se signalent par leur zèle à propager les bonnes doctrines de soufrage. Dans ces départements de l'Ouest, après expériences concluantes sur les divers systèmes, la méthode répressive est repoussée, et la méthode préventive est adoptée.

— Ceux qui ont suivi les prescriptions de la méthode répressive en 1856, ont en général éprouvé de grandes déceptions, leur récolte a été plus ou moins perdue. Beaucoup ne croyant plus à l'efficacité du soufrage ont arraché leurs vignes.

— Ceux qui ont suivi la méthode préventive ont comme depuis cinq ans obtenu les mêmes succès.

1857. — En ce moment, juin 1857, la méthode préventive est généralement adoptée et pratiquée dans nos contrées.

Tel est l'ordre chronologique des principaux progrès réalisés depuis la première apparition de l'oïdium en 1845. Nous avons évité de le compliquer de la citation de beaucoup de Mémoires et de travaux remarquables qui ont successivement paru, mais qui n'ont pas fait faire de progrès sensibles à la question.

Il est aisé de voir que depuis 1852 tous les progrès se sont réalisés dans le Midi et que c'est principalement à M. Laforgue qu'on les doit. C'est lui qui le premier et le seul en Europe a résolu la question capitale et la seule qui eut une importance définitive pour la destruction radicale du fléau, celle du *soufrage à sec en grande et petite culture et pour toutes les vignes, de tous les climats. Il est le seul qui, outre l'invention du procédé et de l'instrument dont il se sert, a indiqué l'époque des opérations avec une précision dont les succès constants depuis cinq ans ont démontré l'excellence.*

Si sa méthode eut été connue en 1853 ou 1854 la viticulture universelle aurait évité une perte de plus d'*un milliard* de francs qu'elle a subie seulement dans les trois dernières années, les consommateurs auraient évité de grandes et ruineuses privations et la nation un grand bouleversement commercial.

Voilà pourtant le fait immense qu'on a dissimulé et tenu caché jusqu'à ce jour, qui serait encore ignoré aujourd'hui et pour longtemps, si par des efforts isolés et acharnés on ne s'était opposé à la consommation de cet acte qu'on ne pourrait qualifier avec assez de sévérité.

TABLE DES MATIÈRES.

———— ▶▶▶ ▶▷ ! ◁◀ ◀ ◀ + —— —

Béziers. Imprimerie de Mlle PAUL, Libraire.

BOITE À SOUFRER

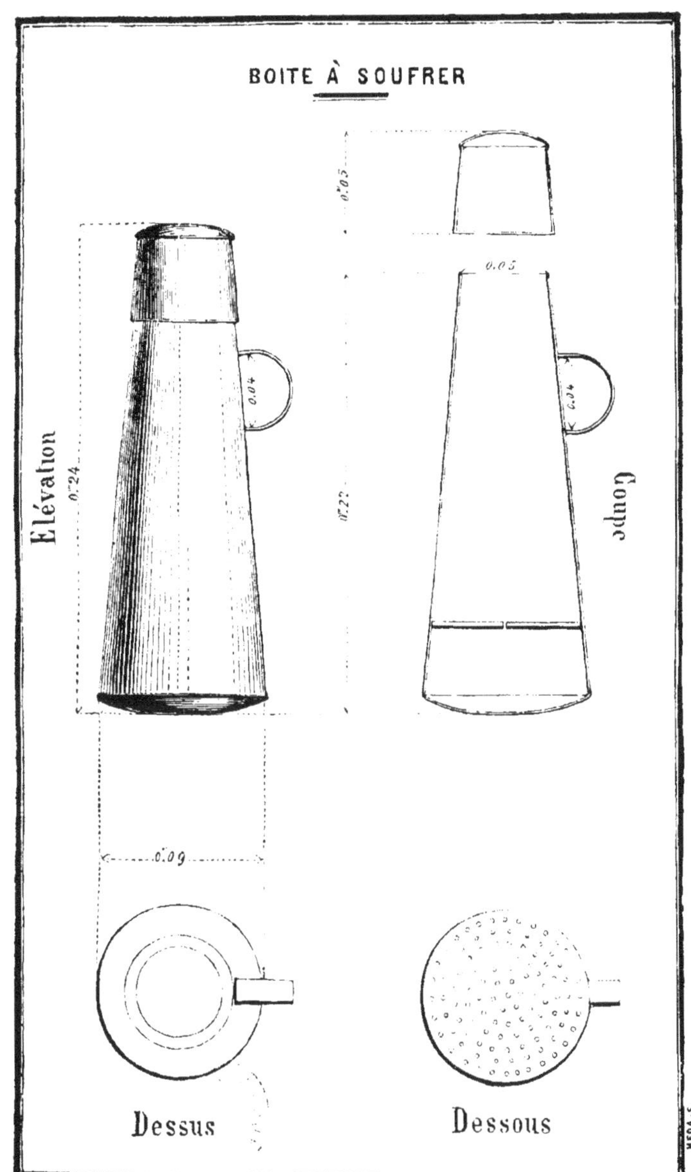

www.ingramcontent.com/pod-product-compliance
Ingram Content Group UK Ltd.
Pitfield, Milton Keynes, MK11 3LW, UK
UKHW031801170726
13836UKWH00003B/1102